SOCIÉTÉ D'AGRICULTURE ET DE COMMERCE DE CAEN

CONCOURS D'ENSEIGNEMENT
AGRICOLE ET HORTICOLE
ÉLÉMENTAIRE

RAPPORT FAIT AU NOM D'UNE COMMISSION SPÉCIALE

PAR

M. I. PIERRE

Président

Le Jeudi 23 Novembre 1876

CAEN
IMPRIMERIE DE F. LE BLANC-HARDEL, LIBRAIRE
RUE FROIDE, 2 ET 4

1876

SOCIÉTÉ D'AGRICULTURE ET DE COMMERCE DE CAEN

CONCOURS D'ENSEIGNEMENT
AGRICOLE ET HORTICOLE
ÉLÉMENTAIRE

RAPPORT FAIT AU NOM D'UNE COMMISSION SPÉCIALE

PAR

M. I. PIERRE

Président

Le Jeudi 23 Novembre 1876

CAEN

IMPRIMERIE DE F. LE BLANC-HARDEL, LIBRAIRE

RUE FROIDE, 2 ET 4

1876

CONCOURS D'ENSEIGNEMENT
AGRICOLE ET HORTICOLE
ÉLÉMENTAIRE

Le jeudi 23 novembre 1876, à 2 heures, la plupart des instituteurs et des institutrices des cantons de Bourguébus, Creully, Evrecy et Villers-Bocage étaient réunis, à Caen, dans la grande salle du Pavillon des Sociétés savantes, pour assister à la distribution des récompenses décernées par la Société d'Agriculture et de Commerce de Caen à ceux d'entre eux qui avaient donné avec le plus de succès, à leurs élèves, des notions élémentaires d'agriculture et d'horticulture raisonnées, et à ceux de leurs élèves qui en avaient le mieux profité.

MM. l'abbé Hébert-Duperron, inspecteur d'académie, et Couëtil, inspecteur primaire de l'arrondissement de Caen, et Messieurs les inspecteurs des arrondissements de Bayeux, Vire, Falaise, Pont-l'Évêque et Lisieux, avaient bien voulu s'adjoindre au bureau de la Société; M. le Préfet et M. le Recteur de l'Académie, empêchés, s'étaient excusés de ne pouvoir témoigner, par leur présence, de l'intérêt qu'ils portent à ces études dont le résultat, en montrant à la jeune génération des campagnes que tout n'est pas routine dans nos pratiques agricoles, peut relever à leurs yeux leurs laborieux travaux, et faire naître de nouveaux progrès comme complément et conséquence des progrès déjà réalisés.

Le président de la Société a ouvert la séance par une allocution dont voici à peu près la teneur :

MESDAMES,

MESSIEURS,

Les jours sont courts et vous avez aujourd'hui plus d'un devoir à remplir ; ce n'est donc pas le temps des longs discours. Et d'ailleurs, à quoi bon ? Serait-ce pour essayer de vous faire comprendre l'utilité des notions que vous avez pris à tâche de développer dans vos écoles ? Mais votre empressement à accepter cette nouvelle tâche, toute bénévole, prouve suffisamment que vous en avez compris l'importance.

Lorsqu'après deux années d'intervalle nous revenons dans vos écoles, c'est presque toujours pour y constater un progrès, soit dans la forme, soit dans le fond.

Nombre d'entre vous sont encouragés par les personnes dévouées au bien qui constituent vos Comités cantonaux. Tout cela se pratique sans bruit, sans ostentation, comme se pratique toujours le bien.

Nous ne serons donc pas trop sensibles à une critique relative au trop peu de bruit que nous faisons de nos œuvres.

Eh quoi! disait-on, sous votre impulsion désintéressée, l'enseignement agricole élémentaire se distribue avec quelque succès dans plus de 160 écoles, dans le seul arrondissement de Caen, et on l'ignore dans presque tous les autres départements de la France! et la publicité de la presse ne proclame pas ces résultats!

Nous n'avons qu'une seule réponse à faire: continuer notre œuvre; la presse locale fera son devoir comme elle l'entendra, et nous pouvons compter sur elle. L'Administration supérieure à qui nous rendons compte, chaque année, de vos efforts et de nos faibles moyens d'encouragement, nous a déjà donné, surtout cette année, d'honorables et sympathiques témoignages de haute bienveillance. Continuons donc notre œuvre que recommandent 18 années de durée et de diffusion progressive. Nous aurons, nous avons déjà des imitateurs : c'est notre meilleure justification.

Permettez-moi de vous rappeler, en quatre lignes, la marche ascendante du nombre des concurrents, maîtres et élèves, pour les six dernières années seulement, et pour la moitié seulement de l'arrondissement de Caen.

	Écoles.	Élèves présentés.
Année 1871	16	76
— 1872	36	202
— 1873	40	254
— 1874	77	477
— 1875	80	487
— 1876	85	545

En réunissant les résultats de deux années consécutives, nous comprendrons l'arrondissement tout entier ; nous obtenons ainsi les résultats suivants :

	Écoles.	Élèves présentés.
1871 et 1872	52	278
1873 et 1874	117	731
1875 et 1876	165	1032

Je n'ai pas besoin d'ajouter, Mesdames et Messieurs, que notre tâche s'accroît avec les vôtres ; nous ne nous en plaignons pas ; lorsqu'une Commission d'examen ne suffira plus, nous en formerons deux ; nous vous suivrons pas à pas pour vous encourager par tous les moyens en notre pouvoir. Marchez donc sans crainte dans la bonne voie : nous aurons avec nous la partie honnête de la population, c'est-à-dire, dans notre beau département, la presque unanimité.

Nous éprouvons cependant un regret au milieu de nos succès : nos encouragements sont bien modestes, mais l'enseignement à tous les degrés nous offre une vie de labeur et d'abnégation ;

nous devons trouver en nous-mêmes, dans l'accomplissement du bien, notre plus précieuse récompense.

Je terminerai par l'expression d'un vœu prêt à s'échapper de vos lèvres : les habitudes rurales de notre époque vous enlèvent trop tôt les enfants confiés à vos soins ; ils ne peuvent profiter suffisamment de l'enseignement classique ni de l'enseignement complémentaire qu'ils trouvent dans vos écoles ; c'est une faute qu'on cherche à éviter dans plusieurs pays mieux inspirés que le nôtre.

Espérons qu'à cette cause d'infériorité que tout le monde reconnaît déjà, on trouvera bientôt un remède efficace pour le plus grand bien du pays.

Après ces paroles qui ont été chaleureusement applaudies, M. de Formigny de La Londe, secrétaire de la Société, procède à l'appel des lauréats dans l'ordre suivant :

INSTITUTEURS.

Médaille d'argent (rappel avec médaille).

Argent gr. mod.	MM. Boüvoisin, Victor-Aimable, à Villy-Bocage.
Arg. moyen mod.	Leveil (frère Edmond, Ste-Marie de Tinchebray), à Creully.
Id.	Aubraye, Jean-François, à Courseulles
Id.	Lagniel, Louis-Hilaire, à Évrecy.
Id.	Patry, Jean-François, à Curcy.
Id.	Lahaye, Alphonse, à Noyers.

Médaille d'argent.

Argent gr. mod.	MM. Nicolle, Prosper-François, à Bourguébus.
Id.	Héroult, François-Gabriel, à Hamars.
Id.	Lesoif, Philippe-Prosper, à Ste-Honorine-du-Fay.
Arg. moyen mod.	Marie, Jean-Baptiste, à Fontenay-le-Marmion.

Médaille de bronze (rappel avec médaille).

Bronze gr. mod.	MM. Mancelle, Frédéric-Hippolyte, à Chicheboville.
Id.	Delaunay, Pierre-François, à Martragny.

Médaille de bronze.

Br. moyen mod.	MM. Dubourguais, Auguste-Pierre, à St-Aignan-de-Cramesnil.
Id.	Aulne, Louis-Armand, aux Préaux.
Id.	Lesserteur (frère Alide-Auguste, Écoles chrétiennes), à Villers-Bocage.
Bronze petit mod.	Thurin, Pierre-Jacques, à Airan.
Id.	Trillée, Victor-Amand, à St-Martin-de-Sallen.
Id.	Guibet, Ernest-Alphonse, à Verson.
Id.	Férault, Pierre-Alexandre, à Tournay-sur-Odon.

Mention très-honorable (rappel).

MM. Lechevallier, Pierre-Michel, à Moult.
Legay, Auguste-Onésime, à Reviers.

Mention très-honorable.

MM. Auvray, Edmond-Aimé, à St-André-de-Fontenay.
Simon, Victor-Albert, à Bellengreville.
Lacour, Paul-Prudent, à Cesny-aux-Vignes.
Anquetil, Charles-Victor, à Clinchamps.
Boquet, Gaston-Victor, à Basly.
Macé, Eugène, à Amayé-sur-Orne.
Ducellier, Jean-Richard, à Missy.

Mention honorable (rappel).

M. Lecornu, Ernest-Antoine, à Fontaine-Étoupefour.

Mention honorable.

MM. Marie, Constant-Ferdinand, à St-Martin-de-Fontenay.
Gallot, Louis-Isidore, à May-sur-Orne.
Marie, Arthur, à Amblie.
Roberge, Augustin-Léonidas, à Cambes.
Chancerel, Napoléon, à Coulombs.
Bréville, Jules-Désiré, à Secqueville-en-Bessin.
Chapron, Pierre-Bénoni, à Thaon.
Pétin (frère Bénigne, de Ste-Marie-de-Tinchebray), à Vaux-sur-Seulles.
Simon, Jean-Baptiste, à Avenay.
Manvieu, Achille-Alexandre, à Feuguerolles-sur-Orne.
Marie, Jules-Victor, à Maltot.
Cartirade, Charles-Louis, à Trois-Monts.
Dan, Charles, à Amayé-sur-Seulles.

INSTITUTRICES.

Médaille d'argent (rappel).

Argent gr. mod.   Mme Lelièvre, Armandine (Providence de Séez), à Évrecy.
Argent petit mod.   Nicolle (sœur St-François-d'Assises, Prov. de Lisieux), à Villy-Bocage.

Médaille d'argent.

Arg. moyen mod. Mmes Collette (sœur Victrice, des Écoles chrétiennes de St-Sauveur-le-Vicomte), à Thaon.

Id. Bonvoisin, Marie (sœur St-Onésime, Providence de Lisieux), à Ste-Honorine-du-Fay.

Id. Mlle Boutrois, Clémentine, à St-Martin-de-Sallen.

Argent petit mod. Mme Ledoyen, Zoé (sœur St-Jérôme, des Écoles chrétiennes de St-Sauveur-le-Vicomte), à Hamars.

Id. Mlles Auvray, Élisa, à Banneville-sur-Ajon.

Id. Lecornu, Ismérie-Victoire, à Bonnemaison.

Médaille de bronze.

Bronze gr. mod. Mme Lemarié (sœur St-Maurice, Sacré-Cœur de Blon), à Airan.

Id. Mlles Brunet, Marie-Honorine, à Noyers.

Br. moyen mod. Audes, Maria, à Amayé-sur-Seulles.

Bronze petit mod. Noury, Marie-Célestine, à Billy.

Id. Mme Marais (sœur St-Calixte, Providence de Lisieux), à Trois-Monts.

Id. Mlle Hamel, Clémence, à Villers-Bocage.

Mention très-honorable.

Mmes Pavi (sœur Josapha, Providence d'Alençon), à Cesny-aux-Vignes.

Brionne, Marcelline (Providence de Séez), à May-sur-Orne.

Mmes Adam (sœur Marie-Azélia, Écoles chrétiennes de St-Sauveur-le-Vicomte), à Cairon.

Louvrier, Marie-Anna (Providence de Rouen), à Courseulles.

Mlle Nicolas, Marie-Anne, à Martragny.
Mmes Legay, Clémentine-Désirée, à Reviers.
Gallet (sœur Ste-Anseline, Sacré-Cœur de Blon), à Esquay-sur-Seulles.
Mlle Picard, Aurore-Alexis, à Ouffières.
Mmes Lericolais (sœur St-Béatrix, Sacré-Cœur de Coutances), à Verson.
Levillain (sœur St-Timothée, Providence de Lisieux), à Épinay-sur-Odon.
Mlle Tison, Delphine, à St-Louet-sur-Seulles.

Mention honorable.

Mmes Gaugain (sœur St-Thomas, Prov. de Lisieux), à Creully.
Anne, Marie-Clarisse, à Anguerny.
Lhotellier (sœur St-Joseph, du Carmel d'Avranches), à Cambes.
Bignon (sœur St-Dominique, Sacré-Cœur d'Isigny), au Fresne-Camilly.
Mlles Lepoil, Méduline-Élise, à Amblie.
Leneveu, Louise-Juliette, à Goupillières.
Mme Bisson (sœur St-Marcellin, Prov. de Lisieux), à Maizet.
Mlle Jean-Louis, Marie-Désirée, à Monts.

RÉCOMPENSES DÉCERNÉES AUX ÉLÈVES.

LYCÉE DE CAEN.

1er Prix. Dumarest.	1er Acc. Delaplanche.
2e Prix. Devaux.	2e Acc. David.

PENSIONNAT DE SAINT-JOSEPH (1).

Prix unique. L. Jouin.	2e Acc. C. Bouillon.
1er Acc. Jules Bunel.	3e Acc. A. Bessèche.

(1) Les élèves du Lycée de Caen, 2e, 3e et 4e années de l'enseignement secondaire spécial, prennent part à un concours distinct, ainsi que les élèves du pensionnat St-Joseph et de l'École Normale, 2e et 3e années.

ÉCOLE NORMALE DE CAEN.

3ᵉ Année.

1ᵉʳ *Prix avec médaille d'ar-*   1ʳᵉ *Ment. hon.* Lecanu.
    gent. Prunier.   2ᵉ *Ment. hon.* Debons.
2ᵉ *Prix.* Constant Bredin.   3ᵉ *Ment. hon.* J. Aubey.

2ᵉ Année.

1ᵉʳ *Prix.* Gautier.   1ʳᵉ *Mention.* Fautrel (Gustave).
2ᵉ *Prix.* Tison.   2ᵉ *Mention.* C. Pagny.

ÉCOLES PRIMAIRES.

CANTON DE BOURGUÉBUS.

ÉCOLE MIXTE DE BOURGUÉBUS.

1ᵉʳ *Prix* { Dizet, Paul.
            Leroy, Charles.
2ᵉ *Prix*   { Tribouillard, Louis
ex-æquo { Desbois, Charles.
            Leboucher, Arthur
M. t.-h. Bricon, Auguste.
M. h. Touchet, Émile.

ÉCOLE MIXTE DE St-AIGNAN-DE-CRAMESNIL.

GARÇONS.

1ᵉʳ *Prix.* Barette, Eugène.
2ᵉ *Prix.* Guillot, Marius.
M. t.-h. Vérel, Hippolyte.
M. h. Villion, Louis.
M. h. Guillot, Constant.

FILLES.

M. h. Leboulanger, Clémentine.

ÉCOLE DE GARÇONS D'AIRAN.

1ᵉʳ *Prix.* Leherpeur, Alphonse
M. t.-h. Prempain, Alfred.
M. h. Jardin, Georges.

ÉCOLE MIXTE DE St-ANDRÉ-DE-FONTENAY.

1ᵉʳ *Prix* { Plusquellec, Gabriel
ex-æquo { Marie, Seillery.
M. h. Gilles, Henry.

ÉCOLE MIXTE DE BELLENGREVILLE.

GARÇONS.

2ᵉ *Prix*   { Houard, René.
ex-æquo { Tesnière, Alexis.

FILLES.

2ᵉ *Prix.* Lechevalier, Constantine.

ÉCOLE DE GARÇONS DE CESNY-AUX-VIGNES.

M. h. Jouyaux, Eugène.
Id. Cauchard, Émile.

ÉCOLE MIXTE DE CHICHEBOVILLE.

GARÇONS.

2ᵉ *Prix.* Lavinay, Charles.
M. h. Onfroy, Admir.

FILLES.

2ᵉ *Prix.* Beaudouin, Marie.

ÉCOLE DE GARÇONS DE CLINCHAMPS-SUR-ORNE.

1ᵉʳ *Prix.* Gaugain, Auguste.
M. t.-h. Chédot, Jules.
M. h. Poignant, Gustave.

ÉCOLE DE GARÇONS DE FONTENAY-LE-MARMION.

1ᵉʳ *Prix* { Marie, Adolphe.
ex-œquo. { Frémont, Albert.
2ᵉ *Prix.* Touchet, Adolphe.
Id. Leroux, Constant.
M. t.-h. Lucas, Charles.
Id. Marie, Jules.
M. h. Deslandes, Jules.
Id. François, Paul.

ÉCOLE MIXTE DE FRENOUVILLE.

M. h. Fillion, Georges.

ÉCOLE DE GARÇONS DE ST-MARTIN-DE-FONTENAY.

2ᵉ *Prix.* Jardin, Paul.
M. h. Bonnetot, Eugène.
Id. Courville, Adolphe.

ÉCOLE DE GARÇONS DE MAY-SUR-ORNE.

2ᵉ *Prix.* Barthélemy, Adrien.
M. h. Madelaine, Alfred.

ÉCOLE DE GARÇONS DE MOULT.

2ᵉ *Prix.* Bulot, Joseph.
M. h. Lefèvre, Fernand.

ÉCOLE DE FILLES D'AIRAN.

1ᵉʳ *Prix.* Quidot, Louise.
2ᵉ *Prix.* { Boutin, Louise.
ex-œquo. { Casimir, Delphine.
Mentions { Morand, Aline.
tr.-hon. { Cruchon, Pauline.
Mentions { Lefèvre, Georgine.
honor. { Saint-James, Noémi

ÉCOLE DE FILLES DE CESNY-AUX-VIGNES.

1ᵉʳ *Prix* { Hébert, Berthe.
ex-œquo. { Piel, Léontine.
2ᵉ *Prix.* Hériot, Angèle.
Mentions { Touzé, Augustine.
honor. { Thomas, Argentine
{ Hugot, Marie.

ÉCOLE MIXTE DE BILLY.

GARÇONS.

1ᵉʳ *Prix.* Varin, Jules.
2ᵉ *Prix.* Découflet, Émile.

FILLES.

2ᵉ *Prix* { Martine, Georgine.
ex-œquo. { Bisson, Alexandrine

ÉCOLE DE FILLES DE MAY-S.-ORNE.

1ᵉʳ *Prix* { Rault, Aimée.
ex-œquo. { Caval, Maria.
{ Caval, Aimée.
2ᵉ *Prix.* Binet, Louise.
Id. Desguet, Almaïde.
M. t.-h. Tardif, Julia.

CANTON DE VILLERS-BOCAGE.

ÉCOLE DE GARÇONS DE VILLERS-BOCAGE.

1er Prix { Patry, Edmond.
          Langlois, Germain.
          Samaison, Ernest.
2e Prix { Marie, Paul.
ex-æquo.{ Chrétien, Arthur.
M. t.-h. Caillot, Pierre.
M. h.   Malvoisin, Pierre.
Id.   Lhonneur, Louis.

ÉCOLE DE GARÇONS D'AMAYÉ-SUR-SEULLES.

2e Prix. Duval, Albert.
M. h.   Quesnot, Eugène.

ÉCOLE DE GARÇONS D'ÉPINAY-SUR-ODON.

M. h.   Brice, Eugène.
Id.   Bertrand, Auguste.

ÉCOLE MIXTE DE LANDES.

M. h.   Pépin, Jules.

ÉCOLE DE GARÇONS DE MAISON-CELLES-PELVEY.

M. h.   Marie, Aristide.

ÉCOLE DE GARÇONS DE MISSY.

1er Prix. Mauger, Florent.
2e Prix. Sauvegrain, Jules.
M. t.-h. Macé, Adrien.
M. h.   Bottin, Jules.
Id.   Desmonts, Auguste.

ÉCOLE DE GARÇONS DE MONTS.

M. h.   Françoise, Auguste.

ÉCOLE DE GARÇONS DE NOYERS.

1er Prix. Laplanche, Onésime.
2e Prix. Buot, Octave.
M. t.-h. Lahaye, André.
M. h.   Marie, Alphonse.
Id.   Verdant, Méril.

ÉCOLE DE GARÇONS DE TOURNAY-SUR-ODON.

1er Prix. Maizeray, Arthur.
2e Prix { Marie, Edmond.
ex-æquo. { Jeanne, Léopold.
         { Vincent, Léopold.
M. t.-h.   Queudeville, Henri.
M. h.   Poullier, Louis.

ÉCOLE DE GARÇONS DE VILLY-BOCAGE.

1er Prix. Gournay, Ernest.
2e Prix. Fresnel, Anatole.
Mentions{ Gournay, Émile.
tr.-hon.{ Bertot, Alfred.
M. h.   Martin, Eugène.
Id.   Brion, Pierre.
Id.   Basset, Albert.

ÉCOLE DE FILLES DE VILLERS-BOCAGE.

1er Prix. Auriac, Joséphine.
2e Prix. Jean, Octavie.

— 15 —

Mentions tr.-hon. { Levallois, Marie.
Poret, Pauline.
M. h. Maneury, Alphonsine.

ÉCOLE DE FILLES D'AMAYÉ-SUR-SEULLES.

1ᵉʳ Prix ex-æquo. { Quesnot, Aimée.
Hue, Célestine.
Sédanton, Marie.
2ᵉ Prix ex-æquo. { Goulet, Justine.
Denais, Maria.
Audes, Marie.
Mentions tr.-hon. { Denais, Louis.
Lehéron, Eugénie.
M. h. Patry, Berthe.
Id. Lavarde, Marie.

ÉCOLE MIXTE DE BANNEVILLE-SUR-AJON.

GARÇONS.

1ᵉʳ Prix ex-æquo. { Barey, Louis.
Nuaul, Émile.
2ᵉ Prix. Lerebours, Désiré.
M. h. Hue, Paul.

FILLES.

1ᵉʳ Prix. Lefrançois, Victorine.
2ᵉ Prix. Lerot, Elmire.
Mentions tr.-hon. { Gauquelin, Eugénie.
Lecomte, Marie.

ÉCOLE MIXTE DE BONNEMAISON.

GARÇONS.

1ᵉʳ Prix. Delaunay, Amand.
M. h. Salles, Maurice.

FILLES.

1ᵉʳ Prix. Miray, Anna.
2ᵉ Prix. Aubey, Eugénie.

ÉCOLE DE FILLES D'ÉPINAY-SUR-ODON.

1ᵉʳ Prix. Lemoisson, Eugénie.
2ᵉ Prix. Retout, Mathilde.
M. h. Retout, Louise.
Id. Lanos, Julia.

ÉCOLE MIXTE DE ST-LOUET-SUR-SEULLES.

2ᵉ Prix ex-æquo. { Avice, Alphonsine.
Madeleine, Augustine.

ÉCOLE DE FILLES DE MONTS.

1ᵉʳ Prix. Brion, Alphonsine.
M. h. Tillaut, Albertine.
Id. Legras, Léa.
Id. Monroty, Anaïse.

ÉCOLE DE FILLES DE NOYERS.

1ᵉʳ Prix. { Roger, Blanche.
Motard, Amanda.
2ᵉ Prix. Durand, Rosalie.
M. t.-h. Fresnel, Clémentine.
M. h. Colard, Louise.
Id. Cœuret, Louise.
Id. Roger, Julia.
Id. Amiot, Marguerite.

ÉCOLE DE FILLES DE VILLY-BOCAGE.

1ᵉʳ Prix. Catherine, Aimée.
2ᵉ Prix ex-æquo. { Leroy, Louise.
Jourdain, Angéline.
M. t.-h. Ledard, Marie.
M. h. Lebourgeois, Alphonsine.
Id. Bourgon, Julienne.

CANTON DE CREULLY.

ÉCOLE DE GARÇONS DE CREULLY.

1er Prix. Vacheret, Léonidas
2e Prix.) Étienne, François.
ex-æquo.) Rivière, Alexandre.
Mentions) Hergas, Jules.
honor.) Hergas, Alexandre.
) Lecointe, Auguste.

ÉCOLE DE GARÇONS D'AMBLIE.

2e Prix. Lecornu, Jules.
M. h. Cotun, Gabriel.
Id. Marie, Paul.

ÉCOLE DE GARÇONS D'ANGUERNY.

M. h. Lemanissier, Victor.

ÉCOLE DE GARÇONS DE BAZLY.

2e Prix. Marie, Joseph.
M. t.-h. Voisin, Joseph.
M. h. Marie, Adolphe.

ÉCOLE DE GARÇONS DE BÉNY-SUR-MER.

M. h. Laze, Eugène.

ÉCOLE DE GARÇONS DE CAMBES.

2e Prix. Jouanne, Eugène.
M. h. Lefèvre, Paul.
Id. Déthan, Jules.

ÉCOLE MIXTE DE COULOMBS.

1er Prix. Hubert, Léopold.
M. h. Tanquerel, Félix.

ÉCOLE DE GARÇONS DE COURSEULLES.

1er Prix. Morel, Victor.
2e Prix. Osmont, Henri.

M. t.-h. Lemonnier, Henri.
Id. Guillaume, Charles.
M. h. Marie, Augustin.
Id. Leroyer, Gustave.
Id. Mouillard, Henri.
Id. Larcher, Ernest.

ÉCOLE DE GARÇONS DU FRESNE-CAMILLY.

M. h. Gilles, Théodule.

ÉCOLE DE GARÇONS DE MARTRAGNY.

2e Prix. Heubert, Gustave.
M. t.-h. Lefèvre, Raymond.
Id. Lepas, Albert.
M. h. Marie, Gustave.
Id. Françoise, Henri.
Id. Heubert, Lucien.

ÉCOLE DE GARÇONS DE REVIERS.

Prix. Devaux, Stanislas.
M. h. Costy, Emmanuel.

ÉCOLE MIXTE DE ROSEL.

2e Prix. Lebas, Léon.

ÉCOLE MIXTE DE SECQUEVILLE-EN-BESSIN.

GARÇONS.

M. h. Fauvel, Adolphe.
Id. Madeleine, Agénor.

FILLES.

2e Prix. Lebourgeois, Zélia.
M. h. Banville, Léontine.

ÉCOLE DE GARÇONS DE THAON.

2ᵉ *Prix*. Guillemette, Georges
M. h. Gast, Adrien.

ÉCOLE DE GARÇONS DE VAUX-SUR-SEULLES.

2ᵉ *Prix*. Longuet, Célestin.
M. h. Lecourtois, Eugène.
Id. Lebastard, Louis.
Id. Bansard, Charles.

ÉCOLE DE FILLES DE CREULLY.

1ᵉʳ *Prix*. Gibert, Marie.
2ᵉ *Prix*. Lucas, Arsénie.
M. h. Gassion, Léontine.
Id. Jamet, Mathilde.
Id. Gassion, Anna.

ÉCOLE DE FILLES D'AMBLIE.

M. h. Ouenne, Louise.

ÉCOLE DE FILLES D'ANGUERNY.

2ᵉ *Prix*. Voisin, Louise.
M. h. Nicolle, Ernestine.
Id. Alexandre, Eugénie.

ÉCOLE DE FILLES DE CAIRON.

1ᵉʳ *Prix* ⎱ Marc, Clémentine.
ex-æquo. ⎰ Chalopin, Marie.

ÉCOLE DE FILLES DE CAMBES.

2ᵉ *Prix*. Fribourg, Armandine
M. h. Legout, Marie.
Id. Marie, Adrienne.

ÉCOLE DE FILLES DE COURSEULLES.

Prix hors ligne. Barbey, Clémentine.
1ᵉʳ *Prix*. Digard, Marie.
M. t.-h. Mouillard, Augustine.
M. h. Jamet, Louise.
Id. Chédeville, Lucie.
Id. Tellier, Noémi.

ÉCOLE DE FILLES DU FRESNE-CAMILLY.

Prix. Dubosq, Ernestine.
M. t.-h. Troude, Albertine.
M. h. Meurdra, Aline.

ÉCOLE DE FILLES DE MARTRAGNY.

Prix hors ligne. Picard, Marie.
Prix ⎱ Noury, Louise.
ex-æquo. ⎰ Canchy, Louise.
M. t.-h. Duprey, Marie.

ÉCOLE DE FILLES DE REVIERS.

1ᵉʳ *Prix*. Lebreton, Maria.
2ᵉ *Prix* ⎱ Devaux, Edmée.
ex-æquo. ⎰ Jeanne, Edmée.
M. t.-h. Étienne, Marie.
M. h. Béquet, Marie.

ÉCOLE DE FILLES DE THAON.

Prix hors ligne. Tanquerel, Marie.
1ᵉʳ *Prix*. Noël, Élisa.
Id. Violette, Albertine.

— 18 —

2ᵉ Prix	(Bayeux, Clotilde.	
ex-æquo.	{ Girard, Blanche.	
	(Trouville, Maria.	
Mentions	(Collette, Marie.	
tr.-hon.	{ Jeanne, Mélanie.	
M. h.	Trouville, Marie.	
Id.	Tanquerel, Louise.	
Id.	Geffroy, Eugénie.	

ÉCOLE DE FILLES D'ESQUAY-SUR-SEULLES.

1ᵉʳ Prix (Gohier, Marie.
ex-æquo. (Fossey, Marie.
2ᵉ Prix (Dumont, Marie.
ex-æquo. (Bansard, Adolphine
M. h. Trochy, Hortense.

CANTON D'ÉVRECY.

ÉCOLE DE GARÇONS D'ÉVRECY.

2° Prix (Lerebourg, Jules.
ex-æquo. (Gallet, Louis.
M. t.-h. Levert, Joseph.
M. h. Conard, Jules.
Id. Mary, Henri.

ÉCOLE MIXTE D'AMAYÉ-SUR-ORNE.

1ᵉʳ Prix. Duvelleroy, Albert.
2ᵉ Prix (Durand, Alphonse.
ex-æquo. (Julienne, Joseph.
M. t.-h. Lemarchand, Hippolyte.

ÉCOLE DE GARÇONS D'AVENAY.

1ᵉʳ Prix (Lemoine, Jules.
ex-æquo. (Denis, Fernand.

ÉCOLE DE GARÇONS DE CURCY.

1ᵉʳ Prix. Collard, Ernest.
2ᵉ Prix. Conard, Alexandre.
M. h. Lebaron, Adrien.

ÉCOLE DE GARÇONS DE FONTAINE-ÉTOUPEFOUR.

1ᵉʳ Prix. Leterrier, Eugène.
M. h. Gibert, Arthur.

ÉCOLE DE GARÇONS DE FEUGUEROLLES-SUR-ORNE.

2ᵉ Prix. Heurtin, Jules.
M. h. Foucher, Gustave.
Id. Marie, Edouard.

ÉCOLE DE GARÇONS DE HAMARS.

1ᵉʳ Prix (Goualbert, Auguste.
ex-æquo. { Baubert, Constant.
(Marguerite, Octave
2ᵉ Prix. Marie, Alphonse.
M. h. (Lefèvre, Léon.
{ Morin, Adolphe.
(Catherine, Léon.

ÉCOLE DE GARÇONS DE STE-HONORINE-DU-FAY.

Prix hors ligne. Denis, Alfred
1ᵉʳ Prix (Denis, Léon.
(Lenormand, Ernest

2ᵉ *Prix.* { Postel, Alphonse.
{ Quesnel, Louis.
3ᵉ *Prix.* { Bellenger, Ferdin.
{ Samson, Pierre.
{ Feugère, Victor.
M. t.-h. { Montier, Auguste.
{ Ménard, Jules.
M. h. { Lefèvre, Albert.
{ Dubosq, Pierre.
{ Huard, Alphonse.

ÉCOLE DE GARÇONS DE MALTOT.

2ᵉ *Prix.* Lepeltier, Armand.
M. h. Vauvrecy, Charles.

ÉCOLE DE GARÇONS DE ST-MARTIN-DE-SALLEN.

1ᵉʳ *Prix.* Hamon, Emile.
Id. Lefrançois, Alfred.
2ᵉ *Prix.* Lemazurier, Alexʳᵉ.
M. h. Brion, Auguste.
Id. Brissel, Arthur.
Id. Nicolle, Charles.

ÉCOLE MIXTE DE PRÉAUX.

1ᵉʳ *Prix.* Lemullois, Aristide.
2ᵉ *Prix.* Larcher, Ernest.
M. h. Marie, Léon.
Id. Guillet, Edmond.
Id. Darry, Emile.
Id. Ferrey, Désiré.
Id. Blanchard, Alpˢᵉ.

ÉCOLE DE GARÇONS DE TROIS-MONTS.

M. t.-h. Robine, Léopold.
Id. Edouard, Elie.
M. h. Darry, Paul.

ÉCOLE DE GARÇONS DE VERSON.

1ᵉʳ *Prix.* Etienne, Emile.
2ᵉ *Prix.* Guillemette, Abel.
M. h. André, Jules.
Id. Marie, Eugène.
Id. Fleury, François.

ÉCOLE DE FILLES D'ÉVRECY.

1ᵉʳ *Prix.* Lerebourg, Pauline.
Id. Liot, Victoria.
2ᵉ *Prix.* Mondchard, Louise.
M. t.-h. Launay, Félicie.
Id. Liot, Albertine.
M. h. Heurthin, Marthe.

ÉCOLE MIXTE DE GOUPILLIÈRES.

GARÇONS.

M. h. Calichet, Benoit.

FILLES.

Prix. Marie, Léa.

ÉCOLE DE FILLES DE HAMARS.

1ᵉʳ *Prix* { Bray, Eugénie.
ex-æquo. { Leriche, Marceline.
2ᵉ *Prix* { Renault, Angélina.
ex-æquo. { Lefèvre, Marie.
M. t.-h. Leroyer, Marie.
Id. Gouget, Marie.

ÉCOLE DE FILLES DE STE-HONORINE-DU-FAY.

1ᵉʳ *Prix* { Guérin, Léontine.
{ Lenoble, Elmire.
ex-æquo. { Lepetit, Rosalie.
{ Lebaron, Eugénie.

2ᵉ Prix ex-æquo { Lair, Adélie.
Bosnière, Lucie.
Masson, Marie.

M. t.-h. { Feugère, Julie.
Dégremont, Angèle
Clérissé, Berthe.

M. h. { Lemoine, Ernestine
Frémont, Honorine
Cairon, Clémentine

ÉCOLE MIXTE DE MAIZET.

FILLES.

2ᵉ Prix. Edouard, Louise.
M. h. Lemonnier, Léa.
Id. Lénault, Maria.

ÉCOLE DE FILLES DE ST-MARTIN-DE-SALLEN.

Pr. hors ligne. Antoine, Maria.

1ᵉʳ Prix. { Harel, Maria.
Laplanche, Marie.
Duval, Augustine.

2ᵉ Prix. { Harel, Louise.
Rabon, Gabriel.

3ᵉ Prix. { Hamon, Pauline.
Dupont, Marie.

M. t.-h Harel, Marie.
Id. Duval, Marie.

M. t.-h. Mérouse, Armandine.
Id. Clérisse, Angèle.
M. h. Anguet, Maria.
Id. Ronchamp, Marcelline.

ÉCOLE MIXTE D'OUFFLIÈRES.

FILLES.

1ᵉʳ Prix. Sables, Amandine.
Id. Bossée, Marcelline.
2ᵉ Prix. Lefèvre, Marthe.

ÉCOLE DE FILLES DE TROIS-MONTS.

1ᵉʳ Prix. Robine, Alminda.

2ᵉ Prix ex-æquo. { Harel, Pauline.
Lapersonne, Adolphine.
Barbey, Louise.

M. h. Belon, Claire.
Id. Marie, Pauline.

ÉCOLE DE FILLES DE VERSON.

1ᵉʳ Prix. Guillot, Judith.
2ᵉ Prix. Marie, Camille.
M. t.-h. { Anne, Marie.
Huet, Augustine.
M. h. Denault, Rose.

Après l'appel des lauréats, M. Bayeux, président honoraire de la Société d'Agriculture, adresse les paroles suivantes :

MESSIEURS LES INSTITUTEURS,
MESDAMES LES INSTITUTRICES,

Le grand nombre des récompenses qui viennent de vous être décernées, témoignent énergiquement auprès de vous du puissant intérêt que notre Société attache au développement, au progrès de l'enseignement agricole. — Un grand ministre a dit : « L'agriculture est la mère nourrice de l'État. » C'est aussi sa richesse. — Vous nous avez secondés par vos utiles leçons; vous avez fait *bien*; il faut faire *mieux* encore; nous comptons sur vous pour atteindre les heureux résultats que provoquent nos concours annuels, et nous espérons fermement que nos vœux seront réalisés à l'aide de vos efforts persévérants.

Enfin, M. l'Inspecteur de l'Académie passe en revue, ainsi qu'il suit, les encouragements distribués dans les divers arrondissements du Calvados, à l'imitation de ce qui se fait dans l'arrondissement de Caen.

MESSIEURS,

M. le Doyen de la Faculté des Sciences vient de vous faire connaître, avec l'autorité qui s'attache à sa parole, les résultats des concours agricoles dans quatre cantons de l'arrondissement de Caen. Je me garderai bien de rien ajouter à ses appréciations, heureux de répéter après lui : l'année a été bonne ; les Instituteurs et les Institutrices ont généralement compris la place que l'enseignement agricole doit occuper dans l'ensemble de leurs leçons ; les enfants ont suivi avec fruit les développements qu'ils lui donnent, et ils sortent de l'école déjà quelque peu initiés à cette vie des champs, où les attendent le travail toujours, le bien-être, et quelquefois la fortune, s'ils savent utiliser leurs forces physiques, intellectuelles et morales. C'est montrer à tous un trésor caché dans le champ paternel ou du moins sous leurs pas. A eux de remuer le sol, de creuser, de fouiller, de bêcher ; après le travail viendra le trésor. — N'y a-t-il pas au fond de cet enseignement un des côtés moraux qu'il faut développer sans cesse ?

Sur tous les points du département, le but poursuivi et les efforts tentés pour l'atteindre ont été les mêmes. Permettez-moi de vous donner une idée générale des travaux de nos maîtres, de l'empressement des élèves à profiter de leur direction, et de remercier les *Sociétés d'agriculture* et la *Presse* du département pour les encouragements qu'elles nous accordent.

Arrondissement de Bayeux. — La Société d'Agriculture de cette ville a tenu son Concours annuel à Isigny, « la capitale du monde beurrier » comme l'on dit. 29 écoles du canton ont

présenté 93 élèves, sur lesquels 55 ont été récompensés. « Les cahiers et les divers travaux exposés par les écoles indiquent, a dit un juge, des progrès réels chez les élèves, et témoignent des soins continuels qui leur sont prodigués par leurs maîtres (1). » M. Drouyn de Lhuys a pu dire aussi aux populations du Bessin : « Pour effectuer de nouveaux progrès, les moyens ne vous manquent pas. L'intelligence, Dieu l'a donnée largement aux hommes de votre race et de votre contrée. Pour vous instruire, vous avez les leçons qu'offrent à ceux qui les fréquentent vos écoles sagement dirigées (1)..... »
A ces éloges sont venues se joindre des récompenses accordées à 15 directeurs et directrices d'écoles spéciales et mixtes.

Arrondissement de Caen. — Vous avez entendu le rapport si complet et les appréciations de M. Isidore Pierre ; rien à ajouter. Rappelons seulement des chiffres : dans quatre cantons, 85 écoles ont fait concourir 545 élèves ; 373 ont été récompensés, et 81 de leurs maîtres, instituteurs et institutrices, ont mérité des mentions honorables, des médailles de bronze ou d'argent.

Arrondissement de Falaise. — La Société d'agriculture, d'industrie, des sciences et des arts de l'arrondissement s'est réunie, pour la

(1) *Journal de Caen*, 13 septembre 1876.

tenue de ses concours annuels, en la commune d'Ouilly-le-Basset, lieu du Pont-d'Ouilly. M. l'Inspecteur primaire fait observer que le président de cette Société (1) n'ayant pu, comme autrefois, assister aux épreuves faites dans les classes, la marche générale a peut-être été quelque peu moins brillante que par le passé. 13 écoles seulement ont soumis à l'examen 92 élèves, dont 40 ont obtenu des prix et des accessits. Il y a eu pour 12 instituteurs et institutrices des mentions honorables, des médailles de bronze, d'argent et de vermeil, accompagnées pour plusieurs d'une somme d'argent. « Dans l'œuvre d'amélioration et de progrès, nos cultivateurs, a dit le Rapporteur du concours, seront secondés par la jeune génération qui puise dans les leçons d'agriculture élémentaire, données à l'école, les premières notions de la science agronomique et le goût des innovations pratiques, dont l'application doit avoir une influence féconde sur l'avenir de l'agriculture. Le succès de cet enseignement s'affirme chaque jour davantage (2). »

Arrondissement de Lisieux. — La *Société d'émulation* de Lisieux a choisi, en 1876, le bourg de Mézidon pour être le siége de son quarantième concours. Les écoles de ce canton ont été seules admises à subir un examen sur

---

(1) M. Saint-Jean.
(2) *Journal de Falaise*, 16 septembre 1876.

l'enseignement agricole. Neuf instituteurs et deux institutrices ont présenté 86 élèves (garçons et filles). La Société a remis une médaille d'argent à deux institutrices ; une médaille de bronze à une institutrice et à un instituteur ; des mentions honorables à une institutrice et à deux instituteurs ; des prix à 6 jeunes filles et à 15 garçons.

« Dans ce concours, dit le Rapporteur, la Société d'émulation a inauguré une série de récompenses qui seront attribuées aux instituteurs qui auront donné les meilleures monographies sur les communes qu'ils habitent, ou sur quelque fait intéressant l'histoire locale.

« La Commission désignée pour juger les travaux de cette année, se félicite du premier résultat obtenu, et elle espère beaucoup dans le prochain concours. » Elle a décerné une médaille et des ouvrages importants à MM. Larcher, Charles-Adjutor Chevalier, Charles-Aimé Leboucher, Amédée Allyre.

Nous ne pouvons trop engager les instituteurs à entrer dans la voie où les précèdent les instituteurs du canton de Mézidon. Ils sauront, nous en sommes persuadés, concilier ces études avec leurs devoirs professionnels, les premiers pour eux et les plus importants. Ces recherches auront nécessairement pour résultat de révéler aux enfants le passé de leur pays natal et de les y attacher, les faits, quelquefois remarquables, qui s'y sont accomplis, les personnes, souvent oubliées, qui ont passé là en faisant le bien, les richesses minérales du sol, ses produits, ses industries, etc. Puissent quelques-unes de ces recherches mériter de figurer à l'exposition de 1878 !

Arrondissement de Pont-l'Evêque. — Un concours est ouvert chaque année par la *Société d'agriculture* de Pont-l'Evêque pour encourager et récompenser l'enseignement agricole dans les écoles. Les six cantons peuvent y prendre part.

« Il résulte, dit M. l'Inspecteur primaire, du rapport fort complet de M. le Secrétaire de la Société, que les résultats obtenus ont été très-satisfaisants.

« Il fait cependant remarquer, avec raison, diverses abstentions regrettables, notamment dans le canton de Honfleur.

L'enseignement agricole se donne dans 50 écoles, au moins, à plus de 600 élèves :

Pourquoi n'y a-t-il que 33 écoles à concourir et 303 élèves présentés ?

« Ce que désire la Société, c'est voir cet enseignement se répandre et s'affermir ; elle récompense toute école où il donne quelques résultats, sans établir de comparaison entre cette école et les autres. Elle continue ses récompenses et elle les augmente là où les résultats constatés précédemment se maintiennent ou se développent. »

Cette manière de procéder ne peut qu'avoir toutes les sympathies de l'Administration ; elle est en pleine vigueur dans l'arrondissement de Caen. Tous les instituteurs, nous l'espérons, en comprendront l'équité et la portée ; les susceptibilités irréfléchies qui ont pu se produire un jour disparaîtront et le Jury, si dévoué, de la Société d'agriculture de Pont-l'Evêque trouvera partout la reconnaissance à laquelle il a des droits.

Dans cet arrondissement, comme dans les autres, les instituteurs et les institutrices tiendront aussi à répondre unanimement à l'appel qui leur sera adressé, et, dans les récompenses de la Société, leurs élèves trouveront des encouragements qui exciteront leur ardeur pour le travail.

En 1876. — Écoles inscrites. 33
— Élèves présentés 303
— Id. récompensés. 91
— Instituteurs et institutrices récompensés 33
— Maîtres-adjoints récompensés. 2

Arrondissement de Vire. — Les trois cantons désignés, cette année, pour prendre part au concours agricole de Vassy, étaient, dit le rapporteur, M. Durand, ceux de Vassy même, d'Aunay et de Bény-Bocage ; 23 écoles, 10 spéciales aux garçons, 2 spéciales aux filles et 4 écoles mixtes ont présenté 220 élèves (97 garçons et 123 filles).

A cette énumération succèdent, dans le rapport de M. Durand, des considérations qu'il faut reproduire. Quelques-unes ont un intérêt général, et il importe de s'en inspirer dans toutes les classes.

Les chiffres ci-dessus sont certainement satisfaisants, surtout si nous les comparons aux premières années de nos concours d'enseignement agricole ; mais nous regrettons qu'il y ait encore une ombre trop prononcée dans ce tableau. Cette ombre, ce sont les écoles qui n'ont pas présenté de candidats.

On invoquera tel ou tel prétexte pour justifier ou plutôt pour expliquer ces abstentions ; nous n'en resterons pas moins persuadés que leur principale raison est le défaut d'une préparation sérieuse et suffisante. Nous l'avons reconnu trop souvent.

Mais parlons plutôt des écoles dont nous avons examiné les élèves. L'épreuve que nous avons fait subir comprenait deux parties : un devoir écrit et des interrogations orales. Chacune d'elles nous permettait de juger, à différents points de vue, de l'aptitude et des connaissances acquises par les concurrents.

Dans la première partie, nous avons trouvé bon nombre de compositions convenablement rédigées, avec des écritures correctes, et (ce que nous avons été surtout heureux de constater) ne contenant que de rares fautes d'orthographe.

Ces devoirs accusent, en outre, une étude

intelligente et assez complète de la matière. Nous en aurions été pleinement satisfaits si nous n'eussions encore trouvé trop souvent les passages textuels de l'auteur que les élèves avaient appris par cœur.

Qu'on fasse répéter le mot à mot d'une leçon de catéchisme, d'une fable de Lafontaine ou d'une des charmantes petites pièces de Ratisbonne, fort bien; mais, réciter de l'histoire, de l'arithmétique ou de l'agriculture! Vous le savez comme moi, Messieurs les Instituteurs et Mesdames les Institutrices, ce n'est pas ce que nous enseigne la pédagogie.

Une voix plus autorisée que la mienne vous engage, depuis longtemps, à faire pénétrer dans nos écoles la méthode intuitive, l'enseignement par les yeux, qui habitue les enfants à réfléchir, à se rendre compte et à rendre compte de ce qu'ils voient.

Aucune faculté du programme d'instruction primaire ne se prête mieux que l'agriculture à ce genre d'enseignement.

Comment est-on parvenu à préparer cette terre qui va recevoir la semence? Pourquoi, dans le champ voisin de l'école, a-t-on fait succéder telle culture à telle autre? Voici du purin qui coule dans ce ruisseau; le fumier qui le contenait aura-t-il autant de qualité? Pierre vend toujours son beurre plus cher que celui de Paul, quelle en est la raison? Cette prairie, ce champ sont dévastés par les mans;

n'y aurait-il point des moyens d'empêcher ou au moins d'atténuer ce fléau?

Voilà une suite de questions très-simples et qui peuvent servir de thèmes à beaucoup de leçons fort intéressantes.

Si nous conseillons de recueillir, pour nos écoles, des collections minéralogiques et insectologiques, des spécimens des principaux produits agricoles du pays, c'est pour appeler l'attention des enfants sur les choses qu'ils voient chaque jour et qu'ils ne remarquent pas assez. Nous formerons ainsi leur jugement par l'habitude de l'observation, et, ce qui n'est pas le moins important, nous ferons, en même temps que leur éducation intellectuelle, leur éducation morale et religieuse; car n'est-ce pas dans les phénomènes de la nature que se révèlent surtout la puissance et la bonté infinie de Dieu!

L'épreuve orale de nos examens nous a d'ailleurs permis de reconnaître que, dans un certain nombre d'écoles, on a suivi cette direction, et nous sommes heureux d'en féliciter les maîtres qui vont, dans un instant, recevoir leur récompense.

Nous devons aussi rendre témoignage des efforts tentés, par MM. les Instituteurs, pour enseigner à leurs élèves les éléments de la comptabilité agricole; leurs débuts dans cette étude nouvelle nous permettent d'espérer des progrès dans l'avenir.

Les encouragements que la Société d'agriculture de Vire veut bien continuer en faveur des écoles, ne restent donc pas stériles, et ils nous sont d'un grand secours pour entretenir l'émulation des maîtres et des élèves.

Les encouragements des autres Sociétés d'agriculture du Calvados portent aussi leurs fruits. Si 184 écoles spéciales ou mixtes ont, en 1876, préparé pour les examens 1456 élèves (garçons et filles), nous savons quelle puissante émulation leurs récompenses excitent partout. 453 élèves ont été assez heureux pour les mériter, et 178 maîtres ont préparé et partagé ce succès.

Est-ce là tout ce que nous voulons? Non vraiment. Nous regardons toujours derrière les triomphes, et si nous y applaudissons, c'est que nous trouvons les idées morales dont ils sont la consécration ; c'est que nous voyons des efforts tendant à former une génération instruite, laborieuse, dévouée à son pays, aimant la famille et la religion, mieux disposée à s'attacher au sol natal qu'elle doit enrichir par son intelligence et son travail.

Aussi membre de cette famille d'instituteurs et d'institutrices, associé d'une manière toute spéciale à des efforts, avons-nous tressailli en recueillant ces paroles d'un des juges de nos Sociétés d'agriculture :

« Honneur à ces instituteurs dévoués et intelligents, à ces dignes religieuses, qui, combattant la funeste émigration des campagnes, cherchent, par leur enseignement, à implanter, dans le cœur de leurs élèves, l'amour de la vie des champs! Honneur enfin, à ces jeunes enfants, sur qui repose l'avenir de l'agriculture; car, comme l'a dit magnifiquement Rouget de Lisle :

« Ils entreront dans la carrière quand leurs aînés n'y seront plus.

Mais, en félicitant les vainqueurs, faisons des vœux pour que leur exemple soit suivi dans toutes les écoles, afin que le progrès ne s'arrête pas en eux (1). »

Pour moi, j'ajouterai en votre nom : Reconnaissance profonde aux Sociétés d'agriculture dont l'appui moral nous soutient, nous honore et nous excite sans cesse à de nouveaux efforts.

A la suite de ces paroles applaudies, M. l'Inspecteur termine la séance par un appel à Messieurs les Instituteurs et à Mesdames les Institutrices, en les priant de faire tous leurs efforts en vue d'une exposition collective du Calvados, à Paris lors de l'exposition universelle de 1878.

Nous croyons intéressant de présenter ici, dans un tableau d'ensemble, les résultats constatés en 1876 dans les six arrondissements du Calvados.

(1) G. Villers, *Discours prononcé au Concours agricole d'Isigny*, le 11 septembre 1876.

ARRONDISSEMENTS.	Écoles qui ont présenté des élèves.			Nombre des élèves présentés.			Instituteurs et institutrices récompensés.			Nombre des élèves récompensés.			
	Garçons	Filles	Mixtes	Garçons	Filles	Mixtes	Garçons	Filles	Mixtes	Garçons	Filles	Mixtes	
Bayeux....	10	3	6	51	23	19	9	1	5	31	12	12	Canton d'Isigny.
Caen.....	39	26	20	236	203	106	39	26	16	151	154	68	Cantons de Bourguébus, Creully, Evrecy et Villers-Bocage.
Falaise....	8	4	1	69	35	2	8	3	1	23	15	2	
Lisieux....	5	2	4	46	22	18	1	2	4	6	6	9	Un seul canton prend part, chaque année, au concours d'agriculture ouvert dans l'arr. de Lisieux. En 1878, c'est celui de Mézidon qui a concouru.
Pont-l'Évêque.	17	10	6	171	104	28	17	10	6	49	28	14	
Vire.....	10	9	4	95	117	11	10	7	3	26	22	5	3 cantons (Aunay, Bény-Bocage et Vassy).
	89	54	41	668	504	284	84	59	35	153	260	40	
	184 écoles ont pris part aux concours de 1876.			1.456			178			453 élèves récompensés.			

Caen, typ. F. Le Blanc-Hardel.

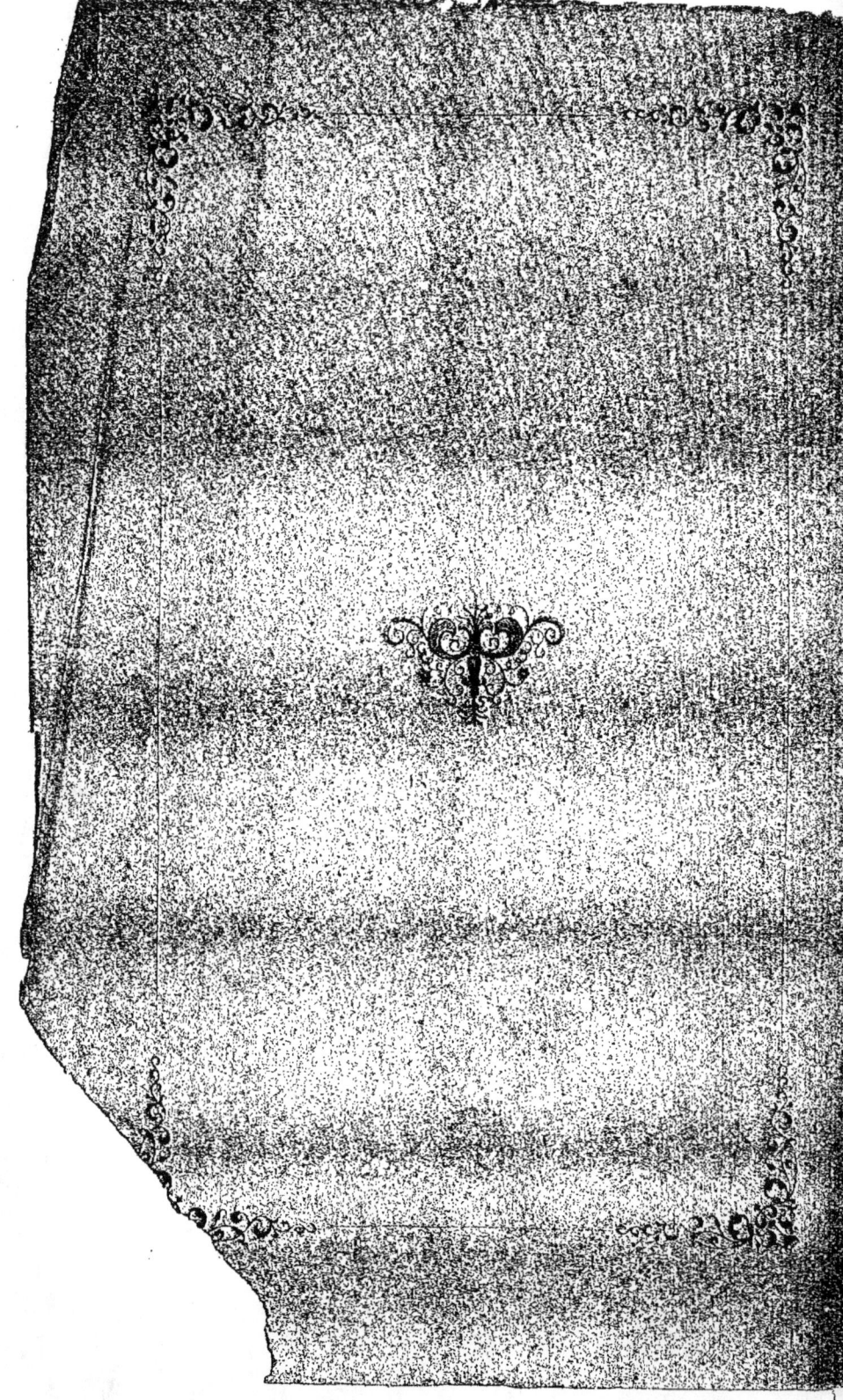

www.ingramcontent.com/pod-product-compliance
Lightning Source LLC
Chambersburg PA
CBHW060711050426
42451CB00010B/1379